在家也能輕鬆做！

無蛋奶烘焙小點

%100 純素

吳仕文、施建瑋、吳玉梅、簡維岑、崔銀庭、李秀眞、游香菱——著

唯有勤奮練習，永不滿足的汲取新知，
才是厚植實力的不二法門

　　隨著全球人口數不斷增長、動物福利與人道主義興起以及環保永續議題的討論，讓人類開始對未來糧食的供應感到擔憂、想減少動物製品的使用，尋找更環保的生活方式並且更加注重健康。

　　從小我就喜歡看料理節目，崇拜主廚們可以做出美味的佳餚，讓品嚐者流露出幸福滿足的神情。因此，國中畢業後選填了餐飲學校就讀，開啟了我的餐飲人生。回想在學日子，代表學校參加比賽，要同時兼顧學業以及準備比賽，每日幾乎以校為家。更為了精進廚藝，即便練習到夜幕低垂，雙手都傷痕累累，也在所不惜。唯有勤奮的練習，永不滿足的汲取新知，才是厚植實力的不二法門。

　　從事烘焙教學工作已將近 15 年，教學過程中不時有學生提問，希望能多瞭解有關全素烘焙的製作技巧，再加上坊間相關書籍尚付之闕如，因此，期能藉由本書的創作及發想做為全素烘焙的敲門磚。

　　感謝佛光大學提供專業的設備及場地進行拍攝、嘉禾麵粉的贊助及作者群的共襄盛舉。純素、無蛋奶飲食並非單調無聊、只能吃單一食物，其實就算不能攝取蛋奶，透過本書作者群的精心研發也可以變化出多元的烘焙點心，顛覆大家對全素烘焙的刻板印象。秉持健康、嚐味、流行及永續的精神，歡迎讀者一同來創作與分享全素烘焙的美好。

吳仕文

每當遇上瓶頸時，就會一個人靜靜的做點心。
製作點心是我最放鬆的時候，
也是最快樂的時光

隨著高齡化時代的來臨，人們對於飲食的要求越來越注重養生，大家追求的不再只是舌尖上滿足，而是健康、環保、愛地球的精神提升。

能夠參與此本全素點心製作非常感謝吳仕文老師的邀約。從事餐飲業已邁入 26 年了，17 歲在半工半讀下即踏入餐廳與飯店當學徒，當初進入餐飲業是因為自己喜歡點心製作，一開始在君悅飯店廣東廳擔任打伙，時常在不忙時跑到點心房與師傅們學習包餃子、做港點、中秋節製作廣式月餅...等；從這揭開我的餐飲人生，一路上經歷了許多酸、甜、苦、辣，跌跌撞撞而成長茁壯。常常在工作上遇到瓶頸，就會一個人靜靜的做點心，在過程中讓自己冷靜一下，產生更清楚的思路，所以製作點心是我最放鬆的時候，也是最快樂的時光。

在一次偶然的機會下由葷轉素，也展開了我對素食的探討與追求料理的真諦。也因為課堂上的需要，自己進修研習米麵食加工等技藝，在食材的選用上全素食材雖有受限，但只要運用巧思都能夠找到合適的替代原料，比如：牛奶可以用豆奶代替、豬肉可以用植物肉代替...等，一樣可以做出美味好吃的點心，重點是還增加了健康飲食的提升好處多更多，參與此書的製作也是期盼自己在米麵食點心方面能有全新的突破。

本書的出版要感謝一同參與的夥伴，因為大家無私地提供自己拿手的全素點心才能讓內容更豐富與精彩。希望這本書的出版能夠讓全素飲食且喜歡點心的您找到屬於自己最喜愛的美味關係。

我喜歡看著成品出爐時的驚喜，
也喜歡分享作品給家人朋友，
更喜歡看著他們吃在嘴裡那滿足的表情

我是玉梅，一位朝九晚五的平凡上班族。

五年多前誤闖了烘焙的世界，才發現，自己原來這麼喜歡手動做烘焙。非科班出身的我，透過網路學習及不斷的練習，在蛋糕與麵包的烘焙上已有不錯的手法與技巧。近年來為了家人的健康，自己的手做產品漸漸改為少油少糖，多以植物油替代奶油，雖然少了傳統麵包那種奶油的香氣，但多了麥子粉烘烤的原味。我喜歡做烘焙，喜歡看著成品出爐那一刻的驚喜，喜歡分享作品給家人朋友，喜歡看著他們吃在嘴裡滿足的表情。

因念了研究所，選修吳仕文老師的課，第一堂課老師就說明，這門課是要大家一起研究做出無奶、無蛋的全素烘焙，完成後出版一本書籍。聽到能將自己研發出來的無奶、無蛋烘焙產品出版成為書籍，實在太驚訝、太高興了。但習慣以奶、蛋做烘焙的我，瞬間卻有點不知所措。課程中大家會提出問題討論，配方不斷修改、試做，並在吳仕文老師的指導下，我們終於完成了這項任務，真的很開心在這門課程裡，大家互相協助合作，一起歡喜完成健康的好作品。

捨去了習以為常的奶油和蛋，
過程中免不了要經歷失敗與挫折，
不斷地嘗試只為了做出更好吃的純素點心

終於要提起筆面對，寫下這篇文章。

走入教育業至今已將近 10 年，在教書過程中總是有人提說：要不要寫書？每當面對時總要微笑迎接，並且說聲：好的，我再看看。之後便是沒有下文。終於，該來的還是要來。上了研究所，遇到吳仕文老師，人生中就是有各種不可預期的事情，老師說我們這堂課是產品開發，要不大家一起來研究「無蛋、無奶」純素的點心？這時候才開始意識到我要面對的這堂課程，就是我一直逃避的事情。

所有事情都有正反兩面，老師說要寫書，我也漸漸發現周遭也有很多老師、朋友們都是吃素，為什麼沒辦法有好吃的純素點心？於是，我開始專心找食譜、研究配方，轉變為純素的食譜，捨去大家習以為常的奶油和蛋，過程中免不了要經歷失敗挫折，不斷的試做、試吃，老師說不行再來，該怎麼改食譜，討論怎麼更好吃，才發現其實有很多不同的食材可以運用。

大家一起完成這本書時，我相信食譜裡的食材組合經過多元的變化，有無限的延伸，有基本的概念後，能開始對純素點心有多一些認識，並請您現在起身開始您的純素點心旅程。

簡維岑

來自韓國的寺廟飲食文化，
從種植到烹飪皆是修行的延續

　　我是韓國出家沙門曉嚴。自古以來，韓國的法師們就認爲從種植到烹飪是修行的延續。

　　另外，還保留了親近自然的獨特烹飪方法，被評價爲克服了現代人的飲食文化。因爲平時對寺廟飲食很感興趣，所以積累了專業知識，產生了要廣泛宣傳自豪的韓國寺廟飲食的想法。但是，韓國的寺廟飲食重視宗教的象徵性和傳統性，通過法師們的維持和傳承固有烹飪方法，很難進行系統化的教育。

　　因爲這樣的緣分，臺灣佛光大學是世界上唯一營運素食專業的大學。臺灣的素食已經發展完整，沒有韓國寺廟固有的料理形態。所以我在佛光大學素食系學習臺灣的素食文化，也在去年 9 月升入研究生院，與吳任文老師和同學們一起研究全素蔬食烘焙產品開發。

　　隨著全球素食人口的增加，素食文化也發展的越來越完整，因此對於這次的全素烘焙書籍的出版我感到很有意義。

효엄

製作料理要運用耐心、靜心與練的功夫

滿心喜樂！

因為修讀空大「台灣傳統糕餅與創新」課程，受到高雄餐旅大學中餐廚藝系林致信老師的啟發，對於料理與節慶的關係連結更加清楚，感動於飲食對應人們生活中的意義，幫助我在嬰幼兒托育的服務中找尋到愛的連結。

進入佛光大學樂活產業學院，蔬食產業管理組碩班讀書，在吳仕文老師身邊學習素食烘焙，老師常說：「厚工（臺語）才能入味！」，教會我製作料理要運用耐心、靜心與練的功夫，讓我更加沉浸在蔬食料理的快樂中，感謝恩師的教導！

我與先生以及五個孩子的華德福家庭生活，親近自然、尊重生命，從植物飲食中獲取生命力與健康，我堅定珍惜會在推廣的道路上持續努力，幫助世上更多人與愛同行，過健康飲食的生活並且要越過越好！

李秀真

烘焙，更像是一場細膩而浪漫的旅行

　　我是 YoYo 老師，從事音樂教學三十一年，專長是孩子的音樂律動，閒暇之餘喜歡烘焙，做餅乾、蛋糕、小點心等；烘焙，更像是一場細膩而浪漫的旅行。 從細微之處，能夠發現驚喜，喜歡烘焙的人往往感受細膩，更加懂得享受生活樂趣。

　　記得我第一次做海綿蛋糕時，一邊攪拌發泡，一邊查看配方及計算時間，全心投入好像到另外一個空間裡，靜靜等待完美的作品誕生，好有成就感。

　　因為秀真老師的推薦，我與她一起上蔬食烘焙的課程，學期初，吳仕文老師和同學討論要一起出書，為碩士班的學習歷程留下一份珍貴的記錄，大家都興奮不已，挑戰素食無蛋奶素烘焙。

　　由於反式脂肪酸的蛋糕、甜點及食物，是造成長期發炎的原因，而牛奶、蛋、也是慢性食物過敏原之一。在吳仕文老師的帶領下，我們接觸了蔬食烘焙，既能享受美食又能提倡健康。很高興能藉由新書與讀者分享食譜，希望大家能吃的越來越健康，感謝吳老師的提攜、教導以及團隊互相合作，才能圓滿完成美好的作品。

游香菱

目 錄 contents

作者序
Preface

器材
Appliance.............................016

食材
Ingredient...........................020

目錄 contents

Prat 2 午後休閒小點
Snacks

Prat 3 香素健康旦糕
Cakes

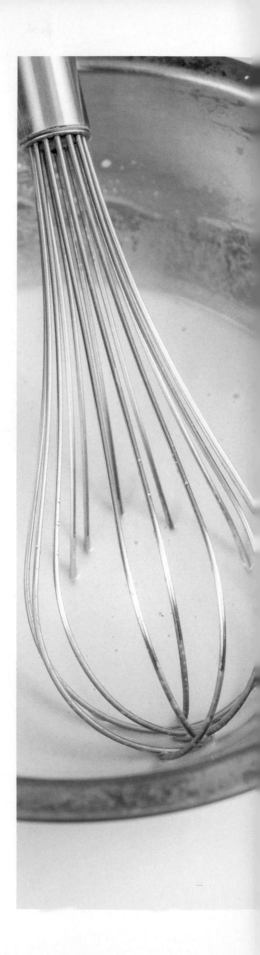

器材
Appliance

器材

Appliance

餅乾切模

▲ 圓型 SN3855

▲ 正方型 SN3857

慕斯模具

▲ 直徑 5 公分慕斯圈

▲ 4 公分慕斯框

造型模

▲ 12 公分葉形模

▲ 鳳梨酥模

長形模

▲ 長形模

▲ 16cm×8cm×5cm 長模

▲ 甜甜圈壓模

▲ 8 吋旦糕模

▲ 8 吋旦糕模

▲ 杯子旦糕模

▲ 杯子旦糕模

▲ 杯子旦糕模

▲ 100ml 果凍杯

▲ 布丁皿

▲ 圓形扣碗

食材
Ingredient

食材
Ingredient

▲ 燕麥片

▲ 乾蜜橙片

▲ 乾無花果（大）

▲ 乾無花果（小）

▲ 鷹嘴豆

▲ 綜合果乾

▲ 綜合堅果

▲ 巧克力角

▲ 冬瓜糖

▲ 蜜金棗

▲ 堅果三寶粉

▲ 鴛鴦餡

▲ 蓮藕粉

▲ 黃豆粉

▲ 杏仁粉

▲ 義式綜合香料

▲ 香椿醬

▲ 無籽金棗蜜餞

▲ 亞麻籽粉

▲ 蜜紅豆粒

▲ 黑櫻桃

▲ 洛神花蜜餞

▲ 果凍粉

▲ 銀杏

▲ 紅棗

▲ 新鮮刺蔥

Prat

1

甜鹹風味餅乾

核桃餅乾

份量
約 24 片

烤箱預熱
上下火 170/160℃

材料 (g) /Ingredient

1	酥油	100
2	黑糖粉	30
	鹽巴	1
3	無糖豆漿	25
4	低筋麵粉	100
	泡打粉	2
	杏仁粉	25
5	核桃	80

作法 /Steps

A、事前準備

核桃用上下火 150/150℃，烤約 10 分鐘（**圖 1**）備用。

B、攪拌

① 將【材料 1】打發（**圖 2**），加入【材料 2】。

② 分兩次加入【材料 3】攪拌均勻，再篩入【材料 4】（**圖 3**）。

③ 加入核桃混和揉成麵糰，擀成長方形柱狀，可使用餅乾模具輔助（**圖 4**），用保鮮膜包起來，冷藏 30 分鐘。

　★冷藏可讓麵糰較好塑形。

C、整形

麵糰取出，切成寬約 0.5 公分片狀（**圖 5**），放於烤盤上（**圖 6**）。

D、烘烤

上下火 170/160℃烤 15 分鐘轉向，續烤 5～10 分鐘至金黃色出爐。

蘇打餅乾

🧁 模具	🕐 份量	🔲 烤箱預熱
餅乾切模 - 圓型 SN3855	約 40 片	上下火 200/200℃

材料 (g) /Ingredient

	材料	
1	酵母粉	3
	水	10
2	中筋麵粉	200
	白油	50
	水	70
	鹽	2
	細砂糖	30
	小蘇打粉	4
3	白芝麻	15

作法 /Steps

A、攪拌

① 【材料1】攪拌均勻（**圖1**）。

② 【材料2】放入攪拌缸中，倒入拌勻【材料1】快速壓拌成麵糰（**圖2**），大約操作5分鐘，倒入【材料3】拌勻，裝入塑膠袋靜置30分鐘鬆弛（**圖3**）。

B、整形

拿出麵糰，壓擀成約0.3cm薄片（**圖4**），用模具壓出餅乾形狀（**圖5**），整齊排放在烤盤上（**圖6**）。

C、烘烤

上下火200/200℃烤10～12分鐘轉向，至表面金黃色出爐。

No.3

杏仁瓦片

| 份量 約 20 片 | / | 烤箱預熱 上下火 160/160℃ |

材料 (g) /Ingredient

低筋麵粉	30
細砂糖	140
無糖豆漿	80
玄米油	80
杏仁片	220

作法 /Steps

A、攪拌

低筋麵粉、細砂糖、玄米油、無糖豆漿、杏仁片放入鋼盆中（**圖 1**），攪拌均勻（**圖 2**），要確實拌勻（**圖 3**），包上保鮮膜，放置冰箱 30 分鐘。

B、整形

用湯匙將麵糊倒入烤盤紙，將麵糊均勻推平，呈圓片狀（**圖 4**）。

C、烘烤

上下火 160/160℃烤 15 分鐘上色，降溫上下火 130/130℃，續烤 6 ～ 7 分鐘，出爐。

★每台烤箱情況各有不同，烤箱溫度及時間請自行增減。

No.4

胡椒鹹餅

| 份量 30 個 / 烤箱預熱 上下火 200/180℃ |

材料 (g) /Ingredient

1	低筋麵粉	200
	細砂糖	10
	鹽巴	4
	胡椒粉	2.5
	義式香料	少許
	泡打粉	2
	杏仁粉	40
2	液體植物油	60
	豆漿	40～45

作法 /Steps

A、攪拌

將【材料 1】全部攪拌均勻（圖 1），再加入【材料 2】揉成糰（圖 2），靜置 20 分鐘（圖 3）。

B、整形

用擀麵棍擀成長方形，或放入 2 斤袋內擀平（圖 4），厚度約 0.5 公分，切成 3 公分大小的正方形或菱形（圖 5），也可以做成喜歡的形狀。

C、烘烤

將切好的餅乾放在烤盤上排好（圖 6），放入烤箱上下火 200/180℃烤 20 分鐘，翻面再烤 5 分鐘，上色即可出爐。

No.5

雜糧餅乾

<table>
<tr><td>份量
約 20 片</td><td>烤箱預熱
上下火 120/120℃</td></tr>
</table>

材料 (g)／Ingredient

低筋麵粉	115
沙拉油	90
黑糖	45
無糖豆漿	40
杏仁粉	20
綜合堅果	45
燕麥片	60

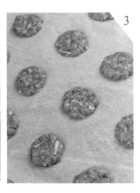

作法／Steps

A、攪拌

　　將所有材料放入鋼盆中（**圖 1**），混合拌勻（**圖 2**）。

B、整形

　　麵糰用手捏成球形，放置烤盤紙上輕輕壓扁（**圖 3**），再用餅乾或圓形慕斯圈輔助弄成扁圓形，放上烤盤排整齊。

C、烘烤

　　放入烤箱，上下火 120/120℃烤 15 ～ 20 分鐘，出爐。

No.6

香椿鹹餅

| 模具
餅乾切模 - 正方型 SN3857 | 份量
約 20 片 | 烤箱預熱
上下火 200/200℃ |

材料 (g) /Ingredient

1	酵母粉	2
	水	10
2	水	50
	中筋麵粉	150
	鹽	1
	細砂糖	20
	小蘇打粉	2
	白油	45
	香椿醬	35
	白芝麻	15

作法 /Steps

A、攪拌

① 【材料 1】拌勻，靜置 10 分鐘。

② 將拌勻的【材料 1】、水、中筋麵粉、鹽、細砂糖、小蘇打粉放入攪拌缸中（圖 1）拌勻，加入白油攪拌均勻。

③ 加香椿、白芝麻拌勻成麵糰（圖 2），放入塑膠袋中冷藏靜置 30 分鐘（圖 3）。

　　★可能不需要用到全部的水，用麵糰當下的溼度去調整。

　　★香椿醬也可以替換成新鮮香椿葉，或是使用九層塔葉。

B、整形

　　取出麵糰，壓擀成 0.3cm 的薄片（圖 4），使用餅乾模具壓出形狀（圖 5），整齊排在烤盤上（圖 6）。

C、烘烤

　　上下火 200/200℃，烤 10 ～ 12 分鐘轉向，至表面金黃色出爐。

No.7

造型餅乾

份量	烤箱預熱
約 20 ～ 25 片	上下火 160/160℃

材料 (g) / Ingredient

低筋麵粉	350
沙拉油	120
冰糖粉	60
泡打粉	10
鹽巴	1 茶匙

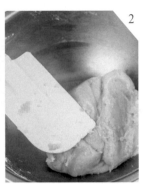

作法 / Steps

A、攪拌

所有材料放入鋼盆中（**圖 1**），混合攪拌（**圖 2**）。

B、整形

做出創意造型，每個約 20 公克搓圓，使用叉子壓出紋路（**圖 3**），或使用模型製作，整齊排放在烤盤上（**圖 4**）。

C、烘烤

上下火 160/160℃烤 20 ～ 25 分鐘，出爐。

No.8

芝麻方塊酥

份量 約 30 片	烤箱預熱 上下火 200/180℃

材料 (g) /Ingredient

1	低筋麵粉	200
	細砂糖	50
	鹽巴	2
	黑芝麻	20
	白芝麻	20
	泡打粉	2
	杏仁粉	50
2	液體植物油	60
	豆漿	56

作法 /Steps

A、攪拌

將【材料 1】全部放入鋼盆中攪拌均勻（**圖 1**），再加入【材料 2】揉成糰（**圖 2**），靜置 20 分鐘（**圖 3**）。

B、整形

麵糰上下各舖一張烘焙紙或保鮮膜，用擀麵棍擀成長方形，或放入 2 斤袋內擀平，厚度約 0.5 公分（**圖 4**），切成 2×5 公分大小的長方形（**圖 5**）。

C、烘烤

將切好的餅乾放在烤盤上排好（**圖 6**），放入烤箱上下火 200/180℃烤 20 分鐘，翻面再烤 5 分鐘，上色即可出爐。

洛神花餅乾

份量
15 個

烤箱預熱
上下火 160/140℃

材料 (g)/Ingredient

材料	g
白油	40
鹽	1
糖粉	25
洛神花蜜餞	10
低筋麵粉	40
玉米粉	10

作法/Steps

A、攪拌

① 白油先室溫軟化，分三次加入鹽、糖粉倒入大盆中（圖2），攪拌均勻，將油打發至呈現絨毛狀態（圖1）。

② ★白油確實打發，餅乾的口感才會酥脆好吃。

③ 將洛神花蜜餞以食物調理機磨成碎粒，加入打發的油體中（圖3）。
把低筋麵粉、玉米粉依序放進去，輕輕拌勻，呈麵糊狀（圖4）。

B、整形

將餅乾麵糊放入擠花袋中，裝上花嘴，在烘焙紙上擠花（圖5），呈現花形。

★烤盤鋪上烘焙紙。

★擠花袋內材料不要放太滿，方便施力可以擠花成形。

C、烘烤

上下火 160/140℃ 烤 15 ～ 20 分鐘，出爐。

C、裝飾

可在餅乾上擠上巧克力、撒上開心果碎裝飾（圖6）。

義大利脆餅

份量	烤箱預熱
15 個	上下火 170/170℃

材料 (g) /Ingredient

材料	(g)
低筋麵粉	260
紅糖	70
泡打粉	3
鹽	5
無糖豆漿	180
綜合堅果	80
杏仁粉	50
椰子油	20
香吉士皮	9
南瓜籽	50

作法 /Steps

A、攪拌

所有材料放入鋼盆中（**圖 1**），使用刮刀混和攪拌（**圖 2**），拌勻成糰（**圖 3**）。

B、整形

烤盤撒一些麵粉，將麵糰放在烤盤上，整形成長橢圓形。

C、烘烤

① 第一次烘烤，上下火 170/170℃烤 15 ～ 20 分鐘，表面金黃後取出放涼（**圖 4**）。

② 第二次烘烤，將完全放涼的麵糰切片（**圖 5**），約 0.5 公分厚度，放上烤盤排整齊，放入烤箱上下火 140/140℃烤 15 ～ 20 分鐘即可出爐。

★切的時候厚薄度要一致，以免烤的時候影響成品。

★出爐冷卻後就放進罐子或保鮮盒內保存。

抹茶金棗餅乾

份量
15 個

烤箱預熱
上下火 180/180℃

材料 (g)/Ingredient

白油	50
細砂糖	20
鹽	1
抹茶粉	6
低筋麵粉	150
杏仁粉	20
南瓜泥	50
泡打粉	2
小蘇打粉	1.5
無籽金棗蜜餞	5 顆
無糖豆漿	50

作法/Steps

A、攪拌

所有材料放入攪拌缸中（**圖 1**），攪拌均勻成糰（**圖 2**）。

B、整形

麵糰取出，撒上手粉整形成直徑 3 公分的圓柱體條狀（**圖 3**），冷藏
1 小時以上，再取出切片（**圖 4**）放在烤盤上（**圖 5**）。

C、烘烤

上下火 180/180℃烤 10 分鐘，熄火燜 5 分鐘再出爐，出爐後的餅乾
會有一點軟，請耐心放涼後就會變硬，再密封儲存。

★每台烤箱溫度、脾氣不一，一定要時注意有無烤過頭；熄火後用
餘溫燜 5 ～ 10 分鐘左右，烤時注意觀察，不要烤焦了。

No.12

義式香料香酥棒

🍽 份量
20 個

／

🔥 烤箱預熱
上下火 190/170℃

材料 (g)/Ingredient

高筋麵粉	250
液態植物油	15
酵母	3
水（或是椰奶）	150
細砂糖	10
鹽	4
義式綜合香料	1 小匙

作法 /Steps

A、攪拌

① 全部材料倒入攪拌缸（**圖 1**），揉至表面光滑，不黏手，收圓為麵糰（**圖 2**），覆蓋保鮮膜進行一次發酵至兩倍大約 40 分鐘。

② 以手掌輕拍麵糰將內部大氣體排出，再揉成圓形，進行二次發酵。

B、分割、整形

麵糰撒上些許手（麵）粉（**圖 3**），先擀成大長方形（**圖 4**），再切割長條形（**圖 5**），用手搓成長條放上烤盤（**圖 6**），靜置 10 分鐘。

C、烘烤

上下火 190/170℃ 烤 20 ～ 25 分鐘，表面上色後出爐。

咖啡巧克力餅乾

模具	份量	烤箱預熱
4 公分慕斯框	20 個	上下火 180/180℃

材料 (g)/Ingredient

1	咖啡粉	3
	水	80
2	白油	40
	糖粉	35
	鹽	2
	南瓜泥	30
	低筋麵粉	200
	杏仁粉	20
3	巧克力角	30

作法/Steps

A、攪拌

① 【材料 1】放入小碗中拌勻（**圖 1**）。

② 【材料 2】放入攪拌缸中，加入拌勻的【材料 1】（**圖 2**）用槳狀拌打器打至成糰。

③ 再加入巧克力角（**圖 3**）攪拌均勻（**圖 4**），放入塑膠袋中擀平約厚度 2 公分，冷凍 1 小時（**圖 5**）。

B、整形

麵糰取出用直徑 4 公分慕斯框壓出餅乾（**圖 6**），撒上手粉放在烤盤上。

C、烘烤

上下火 180/180℃烤 10 分鐘，熄火燜 5 分鐘再出爐，出爐後的餅乾會有一點軟，請耐心放涼後就會變硬，再密封儲存。

無麩質花生餅乾

份量	烤箱預熱
12 個	上下火 175/150℃

材料 (g) /Ingredient

花生醬	20
椰子油	10
楓糖漿	5
花生粉	5
燕麥片	30
杏仁粉	5
亞麻籽粉	5
鹽（可不加）	1

作法 /Steps

A、攪拌

① 將花生醬、椰子油、楓糖漿、花生粉放入大碗中（**圖 1**），混合均勻（**圖 2**）。

　★花生醬可選擇顆粒或滑順口感。

② 把燕麥片放入研磨機或食物處理機磨成粉狀。

③ 加入燕麥片粉拌勻（**圖 3**），再加入杏仁粉、亞麻籽粉、鹽（**圖 4**）攪拌混合均勻（**圖 5**）。

　★花生醬裡沒鹽，才需加鹽。

　★拌好的花生醬楓糖麵糰冷藏保存可以放 3 ～ 5 天。

B、整形

將混合好的餅乾糰平均分成 12 小球，滾圓後放在烤盤上，用手掌稍微壓扁（**圖 6**），自行決定餅乾的厚度。

C、烘烤

上下火 175/150℃烤 7 ～ 10 分鐘，烤好後讓餅乾繼續留在烤箱裡燜 10 分鐘，取出移到網架上，完全放涼後就可以直接吃。

Prat

2

午後休閒小點

No.15

草莓大福

份量
20 顆

材料 (g)/Ingredient

大福皮	水	250
	細砂糖	110
	椰漿	130
	糯米粉	230
	太白粉	38
	花生油	45
	紅麴粉	1
內餡	鴛鴦餡	600
	草莓	20 顆
裝飾	熟太白粉	適量

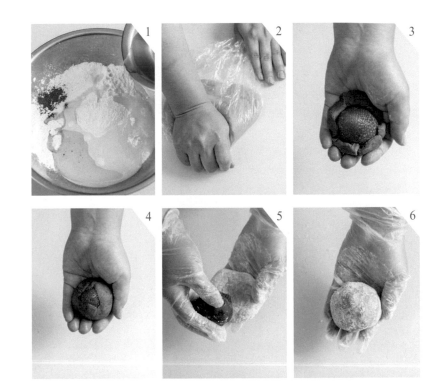

作法/Steps

A、大福皮

① 【大福皮材料】放入鋼盆中攪拌均勻成糰（圖 1）。

② 大火蒸 30 分鐘後取出，放入塑膠袋中，手揉均勻（圖 2）。

③ 分割每顆 40 克，共 20 顆。

B、內餡

① 鴛鴦餡分割每個 30 克，共 20 顆。

② 草莓去蒂頭備用，共 20 顆。

③ 將鴛鴦餡包入草莓（圖 3），露出一點草莓（圖 4）。

C、組合

大福皮包入鴛鴦草莓餡（圖 5），裹上熟太白粉即完成（圖 6）。

南瓜巧果

份量
約 30 片

預熱油鍋
120℃

材料 (g) /Ingredient

板豆腐	80
中筋麵粉	200
細砂糖	30
南瓜泥	40
黑芝麻	8
鹽	2
泡打粉 （或蘇打粉）	2
無糖豆漿	30

作法 /Steps

A、攪拌

① 將板豆腐放入塑膠袋中壓碎（**圖 1**）。

② 所有材料放入缸盆中（**圖 2**），攪拌均勻（**圖 3**），放入塑膠袋中鬆弛 30 分鐘（**圖 4**）。

★市售豆腐，如買嫩豆腐其水分太多，應考慮添加量，預防麵糰太軟不易操作。

B、整形

桌上撒上少許的麵粉，將麵糰擀成長方形，盡量薄一點，再切成 1×3 公分的長方形（**圖 5**）。

★愈薄炸出來愈脆。

C、炸

準備油鍋，油溫約 120℃放進去炸，炸至定型後撈出，將油溫提升至 180℃左右，再放進去炸至金黃即可（**圖 6**）。

★油炸時油溫太高易使成品焦黑；如麵皮厚度太厚，油炸後的成品會不脆且顏色不均勻。

No.17
芝麻麻糬

份量
16 顆

材料 (g)/Ingredient

麻糬皮	水	325
	細砂糖	75
	糯米粉	225
	太白粉	38
	液體植物油	8
內餡	黑芝麻粉	210
	糖粉	150
	酥油	120
裝飾	熟太白粉	適量

作法/Steps

A、麻糬皮

① 【麻糬皮材料】放入鋼盆中（圖1），攪拌均勻（圖2）。

② 大火蒸 30 分鐘後取出（圖3），放入塑膠袋中，手揉均勻。

③ 分割每顆 40 克，共 16 顆。

　　★也可以用電動攪拌器打勻。

B、內餡

① 將黑芝麻粉、過篩糖粉、酥油混和拌勻成糰（圖4）。

② 分割每顆 30 克，共 16 顆。

C、組合

　　將麻糬皮包入芝麻內餡（圖5），外層裹熟太白粉即完成（圖6）。

No.18

法式烤布蕾

模具
布丁皿

/

份量
6個

材料 (g) /Ingredient

布丁液	果凍粉	12
	細砂糖	60
	無糖豆漿	300
	椰漿	540
	南瓜泥	30
焦糖	細砂糖	適量

作法 /Steps

A、布丁液

① 果凍粉、細砂糖攪拌均勻（**圖1**）。

② 無糖豆漿、椰漿、南瓜泥放入鍋中（**圖2**），加入混和好的果凍糖粉煮滾（**圖3**），倒入布丁皿中（**圖4**）冷卻。

B、焦糖

表面鋪上一層細砂糖（**圖5**），用噴槍炙燒成焦糖（**圖6**），小心不要燒焦。

雙色甜八寶

雙色甜八寶

 模具
圓形扣碗 ╱ 份量
5 個

材料 (g) /Ingredient

米團			玻璃芡汁		
	圓糯米	300		水	100
	紫米	300		冰糖	20
	二砂糖	200		太白粉水	2 大匙

八寶餡		
	棗泥餡	180
	蜜紅豆	30
	蜜金棗	30
	百果	30
	木瓜絲	30
	冬瓜糖	30
	化應梅	30
	蜜餞	30
	圓糯米	300

作法 /Steps

A、米團

① 紫米泡水 6 小時以上（**圖 1**），瀝乾，再加入 200 公克水，一起蒸 25 分鐘、燜 5 分鐘，拌入 100 公克二砂糖（**圖 2**），備用。

② 圓糯米洗淨加入 200 克的水（**圖 3**），蒸 25 分鐘、燜 5 分鐘，拌入 100 公克二砂糖（**圖 4**），備用。

B、內餡

棗泥餡分成 6 等份，備用。

C、組合

取一圓形扣碗抹上少許油，排入切絲八寶料（**圖 5**），再填入白糯米，中心留一凹洞填入棗泥餡（**圖 6**），再鋪上紫米飯稍壓平（**圖 7**）。

D、蒸

① 起蒸籠鍋，蒸籠水煮滾，大火蒸 10 分鐘（**圖 8**），米心熟透，取出倒扣。

② 玻璃芡汁：水與冰糖放入鍋中煮開後關小火，慢慢倒入太白粉水並快速攪拌均勻煮滾即可。

③ 移除扣碗淋上玻璃芡汁。

^{No.}**20**

金棗堅果麻糬

份量
20 個

材料 (g)/Ingredient

麻糬皮	糯米粉	300
	玉米粉	30
	細砂糖	50
	溫開水	350
	沙拉油	30
內餡	金棗餡	400
裝飾	堅果三寶粉	100

作法 /Steps

A、麻糬皮

① 混和糯米粉、玉米粉、細砂糖，再慢慢加入溫開水攪拌均勻（**圖 1**）。

② 加入沙拉油（**圖 2**）稍微拌勻（**圖 3**）。

B、蒸

起蒸籠鍋，蒸籠水煮滾，放入麻糬皮，大火蒸 25 分鐘熟透，取出放涼。

C、內餡

將金棗餡分成 20 份，每份約 20 公克。

D、組合

蒸好麻糬取出敲打至均勻有黏性（**圖 4**），再包入餡料（**圖 5**）沾上堅果三寶粉（**圖 6**）即可。

No.21

芋頭蓮藕涼糕

模具
8 吋旦糕模

份量
1 個 8 吋涼糕

材料 (g) /Ingredient

麵糊	蓮藕粉	220
	日本太白粉	50
	細砂糖	110
	冷水	240
	熱水	480

內餡	芋頭	半顆
	二砂糖	40

裝飾	玉米粉	60

示範影片

作法 /Steps

A、內餡

① 將芋頭切塊，放入電鍋蒸熟後壓泥。

② 再將芋泥放入炒鍋，加入二砂糖（**圖 1**）、適量水炒製成芋泥備用（**圖 2**）。

③ 取一烘焙紙，放入芋泥整形成圓餅狀（**圖 3**）。

B、裝飾

玉米粉以乾鍋小火炒製成熟玉米粉。

C、麵糊

將蓮藕粉、日本太白粉、細砂糖、冷水拌勻，加入滾沸熱水（**圖 4**），攪拌至濃稠（**圖 5**），微糊化（**圖 6**）備用。

D、組合

取模型，底部鋪上烤焙紙，並將 1/2 蓮藕糊鋪入模型中再放入芋泥（**圖 7**），輕輕壓實（**圖 8**），最後倒入剩餘 1/2 蓮藕糊（**圖 9**）。

E、蒸

起蒸籠鍋，放入蒸籠鍋，以中大火蒸約 10 ～ 15 分鐘即可放涼。將涼糕取出撒上熟玉米粉切塊即可。

No.22
冰花絲瓜煎餃

冰花絲瓜煎餃

份量
30 個

材料 (g)/Ingredient

| 麵皮 | 中筋麵粉 | 300 |
| | 熱水 | 150 |

內餡	絲瓜	200
	薑末	10
	新豬肉	150
	馬蹄末	50

| 煎餃水 | 水 | 240c.c. |
| | 中筋麵粉 | 1 大匙 |

作法/Steps

A、麵皮

① 中筋麵粉加入 85℃熱水燙麵（**圖 1**），揉成麵糰，靜置醒麵約 20 分鐘（**圖 2**）。

② 將麵皮分割每個約 15 公克共 30 個，成圓片狀備用（**圖 3**）。

B、內餡

絲瓜去皮、切成丁，加入薑末、新豬肉、馬蹄末拌勻（**圖 4**），冷藏備用（**圖 5**）。

C、組合

取一麵皮包入內餡每個約 12 公克（**圖 6**），表面撒些手粉不沾黏，捏緊（**圖 7**），包好備用（**圖 8**）。

D、煎

① 【煎餃水材料】混和拌勻（**圖 9**）。

② 取一平底鍋將餃子排上，加入煎餃水開中小火，煎熟底部呈金黃色（**圖 10**）。

No.23

蕃茄沙沙脆餅

份量	烤箱預熱
5 人份	上下火 220/220℃

材料 (g) /Ingredient

脆餅		
	乾酵母	8
	水	155
	高筋麵粉	250
	鹽	8
	細砂糖	8

莎莎醬		
	小蕃茄	500
	酸黃瓜	80
	墨西哥辣椒	40
	橄欖油	15
	黑胡椒粉	適量
	鹽	適量
	檸檬汁	半顆
	香菜	35

作法 /Steps

A、脆餅

① 乾酵母、水放入攪拌缸中先攪勻（**圖 1**）。

② 再放入高筋麵粉、鹽、細砂糖（**圖 2**）攪拌成糰（**圖 3**），表面覆蓋濕布，鬆弛約 40 分鐘（**圖 4**）。

③ 分割每個約 100 公克、共四個，滾圓，鬆弛約 20 分鐘（**圖 5**）。

④ 將麵糰放在烤盤上擀成薄片狀（**圖 6**），放入烤箱，上下火 220/220℃烤約 15 ～ 20 分鐘。

B、莎莎醬

① 將小蕃茄切成小丁狀、酸黃瓜及墨西哥辣椒切小丁、香菜切碎（**圖 7**）。

② 將切碎食材加入橄欖油、黑胡椒粉、鹽及檸檬汁調味，並放入冰箱，使之入味即可（**圖 8**）。

C、食用

食用時拿脆餅沾上莎莎醬即可。

天然石花菜漸層果凍

Part 2、午後休閒小點 Snacks　78 ｜ 79

天然石花菜漸層果凍

模具	份量
100ml 果凍杯	10 杯

材料 (g)/Ingredient

乾石花菜	20
水	1000
蝶豆花液	75
細砂糖	80
檸檬汁	30
椰奶	80

作法/Steps

A、清洗

乾石花菜用清水清洗幾次，將海砂及貝殼等雜物清洗乾淨（圖1）。

B、煮

① 清洗完的石花菜加入 1000 克的水（圖2），放在瓦斯爐上煮至水滾，移到電鍋內，外鍋2杯水，煮至開關跳起，外鍋再加2杯水，跳起後燜 20 分鐘。

② 煮好的石花菜過濾，取石花水（圖3）。

③ 趁熱加入細砂糖攪拌至完全溶解。

C、組合

① 第一層，取出 100g 的石花水，加入 100g 椰奶拌勻，用手摸起來有一點黏稠感即可，倒入果凍杯每杯 20g、放涼。

② 第二層，100g 的石花水加入 100g 冷開水拌勻，倒入每杯 20g、放涼（圖4）。

③ 第三層，100g 的石花水，加入 15g 蝶豆花液、85g 冷開水、3 滴檸檬汁拌勻，倒入每杯 20g、放涼（圖5）。

④ 第四層，100g 的石花水，加入 25g 蝶豆花液、75g 冷開水、6 滴檸檬汁拌勻，倒入每杯 20g、放涼（圖6）。

⑤ 第五層，100g 的石花水，加入 35g 蝶豆花液、65g 冷開水、加入 10 滴檸檬汁拌勻，倒入每杯 20g、放涼（圖7）。

★蝶豆花液及檸檬汁的量要慢慢增加，才能做出漸層的感覺，每加一層要等果凍涼了才能再加一層。

D、食用

食用時，上面淋些蜂蜜（圖8），口感會更好。

Prat

3

香素健康旦糕

水果塔

水果塔

模具
直徑 5 公分慕斯圈

份量
5 個

材料 (g) /Ingredient

塔皮	杏仁粒	150
	乾無花果	3 顆
	白油	10
素鮮奶油	腰果	150
	椰漿	120
	細砂糖	5
	楓糖漿	10
	檸檬汁	4
裝飾	奇異果	1 顆
	水蜜桃	1 片
	番茄	2 顆

作法 /Steps

A、塔皮

杏仁粒、乾無花果、白油用食物調理機打勻**（圖1）**，鋪在慕斯圈中約1公分厚**（圖2）**，放入冷凍冰硬後脫模**（圖3）**。

★冷凍冰硬後較不易散開。

B、素鮮奶油

① 將腰果泡水約5小時取出**（圖4）**，重裝清水將腰果煮熟，瀝乾。

② 腰果、椰漿、細砂糖、楓糖漿放入果汁機中打成泥**（圖5）**，過篩最後加入檸檬汁拌勻即可**（圖6）**。

C、組合

將素鮮奶油裝入擠花袋中，可使用有花紋的花嘴，取塔皮擠上素鮮奶油**（圖7）**，最後放上切好的水果裝飾即可**（圖8）**。

No.26

檸檬塔

模具	份量	烤箱預熱
直徑 5 公分塔模	5 個	上下火 210/200℃

材料 (g)/Ingredient

塔皮	白油	100
	中筋麵粉	180
	糖粉	10
	南瓜泥	40
	鹽	2
	香草精	1

內餡	水	200
	玉米粉	20
	山梔子仁	4 顆
	細砂糖	90
	檸檬汁	20

裝飾	檸檬片	5 片

作法 /Steps

A、塔皮

① 模具抹上白油，撒上高筋麵粉備用。

② 所有材料放入攪拌缸中（**圖 1**），拌至粉粒狀取出揉成糰狀，放入塑膠袋中鬆弛 10 分鐘。

③ 擀開（**圖 2**），鋪在模中整形（**圖 3**），放入烤箱上下火 210/200℃，烤 15 分鐘至焦香，脫模待涼備用（**圖 4**）。

B、內餡

① 水加山梔子仁浸泡出顏色。

② 將泡好的水、玉米粉、細砂糖混和拌勻，上爐煮至濃稠（**圖 5**），再加入檸檬汁拌勻，放涼備用。

C、組合

取一個烤好的塔皮，倒入煮好的內餡（**圖 6**），裝飾上檸檬片即完成。

No.27

桂圓旦糕

模具	份量	烤箱預熱
杯子旦糕模	12 杯（依模型大小而調整之）	上下火 180/160℃

材料 (g) /Ingredient

1	低筋麵粉	210
	玉米粉	40
	泡打粉	10
	小蘇打粉	2
2	鹽	4
	二砂糖	100
	黑糖	50
	無糖豆漿	250
	液體植物油	200
3	白醋	15
4	龍眼乾	150
	養樂多	150

作法 /Steps

A、事前準備

將龍眼乾與養樂多泡隔夜（**圖 1**），擠乾備用（**圖 2**）。

B、攪拌

① 【材料 1】過篩，加入【材料 2】（**圖 3**）拌勻。

② 再加入 75 公克的泡開龍眼乾、白醋攪拌均勻（**圖 4**）。

C、入模

將麵糊倒入杯子旦糕模中約 7 分滿（**圖 5**），再將剩下的龍眼乾平均放在旦糕上（**圖 6**）。

D、烘烤

上下火 180/160℃烤 15 分鐘轉向，續烤 10 ～ 15 分鐘出爐，全程共烤 25 ～ 30 分鐘。

^{No.}28

香蕉旦糕

模具	份量	烤箱預熱
杯子旦糕模	12 個	上下火 200/180℃

材料 (g)/Ingredient

香蕉 (熟成)	1 條
無糖豆漿	40
植物油	40
中筋麵粉	100
細砂糖	40
泡打粉	5
小蘇打粉	2.5
鹽	2.5
黑巧克力豆	30
綜合堅果	40

作法/Steps

A、攪拌

　　香蕉去皮壓成泥狀放入鋼盆中,加入其他所有材料（**圖 1**）,混合拌勻（**圖 2**）。

B、入模

　　裝入杯子旦糕模（**圖 3**）,表面可再撒上些綜合堅果（**圖 4**）。

C、烘烤

　　放入烤箱（**圖 5**）,上下火 200/180℃,烤約 20 分鐘出爐,需視不同烤箱做調整。

　　★可以用牙籤插入中心如沒有黏麵糊即熟透。

No.29

黑森林旦糕

黑森林旦糕

模具	份量	烤箱預熱
8 吋旦糕模	1 顆 8 吋旦糕	上下火 180/180℃

材料 (g)/Ingredient

旦糕體	低筋麵粉	120
	細砂糖	160
	無糖豆漿	300
	可可粉	30
	鹽	2
	玄米油	120
	小蘇打粉	3
	香草精	2
	楓糖漿	10
素鮮奶油	鷹嘴豆水	100
	細砂糖	200
裝飾	黑巧克力	50
	黑櫻桃	60
	草莓	3 顆
	檸檬皮碎	半顆

作法 /Steps

A、旦糕體攪拌、入模、烘烤

① 旦糕模放入烘焙紙備用（**圖 1**）。

② 混合無糖豆漿、玄米油、香草精、楓糖漿、細砂糖、鹽，攪拌均勻（**圖 2**）；過篩低筋麵粉、可可粉、小蘇打粉（**圖 3**）。

③ 過篩粉類倒入麵糊中（**圖 4**），攪拌均勻（**圖 5**），倒入旦糕模約 330 公克（**圖 6**），上下火 180/180℃烘烤 40 ～ 45 分鐘（**圖 7**）。

④ 取出倒蓋、放涼，脫模。

B、素鮮奶油

鷹嘴豆水製作方法：

① 水浸泡乾鷹嘴豆需蓋過豆子，約 8 小時。浸泡至隔夜為佳，效果更好。

② 將浸泡的水倒掉，倒入 8 杯水覆蓋豆子，蓋上鍋蓋煮滾，開始沸騰後撈掉表面上層的泡沫。

③ 燒開後，蓋上蓋子轉小火慢慢煮熟，大約 60 ～ 75 分鐘。煮熟後，用冷水降溫。將豆子撈出，確保勺子是乾淨，無油脂殘留。

④ 將剩下的水，開小火煮約 30 ～ 45 分鐘。大約會剩下 2/3 的鷹嘴豆水，待放涼後，放置一個乾淨的容器，冷卻後會變成凝膠，看起來像蛋清。

⑤ 將鷹嘴豆汁、細砂糖用打蛋器打發至濕性發泡（**圖 8**）。

C、組合

① 黑巧克力用湯匙刮出巧克力碎（**圖 9**）。

② 旦糕體中心放入黑巧克力碎（**圖 10**），再擺上黑櫻桃、草莓裝飾（**圖 11**）。

③ 擠上素鮮奶油（**圖 12**）、撒上檸檬皮碎即完成。

No.30

布朗尼旦糕

模具	份量	烤箱預熱
杯子旦糕模	5 個	上下火 170/170℃

材料 (g) /Ingredient

低筋麵粉	150
細砂糖	160
無糖豆漿	300
可可粉	30
鹽	1/4 茶匙
葡萄籽油	120
核桃	100
葡萄乾	15
小蘇打粉	2

作法 /Steps

A、事前準備

　將模具抹上少許葡萄籽油（食譜外），置於一旁備用。

B、攪拌

　低筋麵粉、可可粉混均勻過篩，加入其餘所有材料（圖 1）均勻混合後（圖 2），倒入模具中（圖 3）。

C、烘烤

　上下火 170/170℃烤 15 分鐘，降溫上下火 150/150℃，續烤 15 分鐘出爐。

蔓越莓南瓜旦糕

模具	份量	烤箱預熱
16cm×8cm×5cm 長模	2 個	上下火 180/180℃

材料 (g) /Ingredient

1	南瓜泥	150
	細砂糖	80
	液體植物油	75
	無糖豆漿	180
	鹽	少許
2	低筋麵粉	200
	泡打粉	15
	蘇打粉	2
3	蔓越莓	50

作法 /Steps

A、攪拌

【材料 1】放入鋼盆中（圖 1），使用打蛋器混和拌勻（圖 2），篩入【材料 2】（圖 3），攪拌至沒有粉糰（圖 4）。

B、入模

模具鋪上烘焙紙（圖 5），倒入麵糊（圖 6），放上蔓越莓（圖 7）。

C、烘烤

放入烤箱（圖 8），上下火 180/180℃ 烤40 分鐘，出爐脫模，攤開烘焙紙放涼，切片即可食用。

濃郁地瓜千層派

份量
1個

材料 (g) /Ingredient

1	低筋麵粉	300
	無糖豆漿	400
	細砂糖	50
2	黃金地瓜	500
	無糖豆漿	100

作法 /Steps

A、薄餅

① 將低筋麵粉、無糖豆漿、細砂糖放入攪拌缸中（圖1），拌勻成粉漿（圖2）。

★ 要看買的豆漿濃度去調整粉漿的濃稠度，完成的粉漿要有流動性。

② 取一平底鍋，熱鍋，放入些許沙拉油，倒入粉漿（圖3），旋轉鍋子成薄片狀（圖4），表面熟後翻面煎至兩面金黃即起鍋放涼，備用。

B、內餡

將黃金地瓜洗淨、入烤箱，烤熟後取出、去皮，將地瓜加入無糖豆漿（圖5），混和成濃醬（圖6）。

C、組合

取一張薄餅抹上地瓜餡（圖7），再鋪上一層皮（圖8），依序完成後切塊即可。

No.33

田園蔬菜鹹派

模具	份量	烤箱預熱
12 公分葉形模	5 個	上下火 210/200℃

材料 (g) /Ingredient

派皮		
	白油	100
	中筋麵粉	180
	糖粉	10
	南瓜泥	40
	鹽	2
	香草精	1

內餡		
	香菇丁	3 朵
	青花椰菜丁	50
	番茄丁	半顆
	南瓜泥	100
	無糖豆漿	100
	素火腿丁	40
	九層塔	5
	黑胡椒粉	1
	鹽	1
	香菇粉	2
	低筋麵粉	5

作法 /Steps

A、派皮

① 模具抹上白油，撒上高筋麵粉備用（**圖 1**）。

② 所有材料放入攪拌缸中（**圖 2**），拌至粉粒狀取出揉成糰狀，放入塑膠袋中鬆弛 10 分鐘。

③ 擀開成薄片（**圖 3**），鋪在模中整形（**圖 4**）。

B、內餡

① 熱鍋，依序炒香素火腿丁、香菇丁、番茄丁。

② 倒入南瓜泥及無糖豆漿，加入鹽、黑胡椒粉、香菇粉拌勻（**圖 5**）。

③ 稍涼後拌入低筋麵粉及九層塔（**圖 6**）。

C、組合

① 將調好的內餡填入派（**圖 7**）。

② 再汆燙青花椰菜丁，放在派上。

D、烘烤

擺上烤盤（**圖 8**），放入烤箱上下火 210/200℃ 烤 20 ～ 30 分鐘。

老奶奶檸檬糖霜旦糕

老奶奶檸檬糖霜旦糕

	模具 長形模	份量 1個	烤箱預熱 上下火 180/180℃

材料 (g)/Ingredient

旦糕體	無糖豆漿	300
	檸檬汁	20
	白油	60
	細砂糖	40
	中筋麵粉	170
	玉米粉	30
	泡打粉	16
	小蘇打粉	6
	鹽	4
	檸檬皮	40
檸檬素鮮奶油	鷹嘴豆水	100
	椰漿	120
	純糖粉	200
	楓糖漿	10
	檸檬汁	4
	檸檬皮	適量
裝飾	檸檬片	5 片
	堅果	適量

作法/Steps

A、旦糕體

① 混合豆漿和檸檬汁，放旁邊讓它凝固（**圖 1**）。

② 把白油和細砂糖用打蛋器混合均勻，加入麵粉、玉米粉、泡打粉、小蘇打粉和鹽混和均勻（**圖 2**）。

③ 再倒入凝固的豆漿（**圖 3**），攪拌均勻（**圖 4**），加入檸檬皮拌勻。

④ 把麵糊倒入模中（**圖 5**）。

⑤ 放入烤箱，上下火 180/180℃烤 35～40 分鐘，輕敲脫模（**圖 6**）。

B、檸檬素鮮奶油

① 鷹嘴豆水作法參考 P.96。

② 全部材料放入攪拌缸中打發即可。

C、裝飾

旦糕表面裝飾上素鮮奶油，擺上檸檬片、堅果裝飾（**圖 7**），可撒上些許防潮糖粉（**圖 8**）。

Prat

4

花漾樸實麵包

紅豆麵包

⏱ 份量	/	🔲 烤箱預熱
12 個		上下火 180/150℃

材料 (g)/Ingredient

1	水	125
	高筋麵粉	25
2	高筋麵粉	293
	低筋麵粉	88
	細砂糖	60
	鹽	4
	速發酵母	9
	南瓜泥	30
	無糖豆漿	160
	酥油	45
3	紅豆餡	360
4	黑芝麻	適量

作法/Steps

A、湯種

【材料 1】攪拌均勻（**圖 1**），加熱至麵糊有紋路（**圖 2**），熄火備用。

B、攪拌

【材料 2】、湯種放入攪拌缸，勾狀拌打器（**圖 3**），拌打至成糰，取出進行一次發酵 60 分鐘。

C、分割

取出麵糰，分割每個 60 公克共 12 個（**圖 4**），滾圓，二次發酵 10～15 分鐘。

D、整形

取一麵糰包入紅豆餡每個 30 公克（**圖 5**），收口收緊，最後發酵至 2 倍大，用剪刀沿周圍剪開成花朵造型，將黑芝麻點在麵糰正中心（**圖 6**）。

E、烘烤

上下火 180/150℃烤 10～15 分鐘。

No.36

雜糧麵包

份量	烤箱預熱
3 個	上下火 180/180℃

材料 (g) /Ingredient

高筋麵粉	250
中筋麵粉	200
鹽	1/4 茶匙
溫水	250
酵母粉	10
橄欖油	10
南瓜籽	30
杏仁果	30
葡萄乾	50
黑芝麻	15
黑糖	40

作法 /Steps

A、攪拌

① 高筋麵粉、中筋麵粉、鹽、溫水、酵母粉、黑糖、橄欖油混合。
再加入南瓜籽、杏仁果、葡萄乾、黑芝麻（**圖 1**），揉成麵糰（**圖 2**）。

② 將麵糰蓋上保鮮膜或濕毛巾，發酵至兩倍大，約 1 小時。

B、整形

平均分割麵糰 3 份（**圖 3**），輕拍麵糰，擀開捲起（**圖 4**），中間發酵約 20 分鐘。
用剪刀剪出麥穗形狀（**圖 5**），放在烤盤進行最後發酵至 1 倍大（**圖 6**）。

C、烘烤

上下火 180/180℃烤 25 分鐘，即完成。

肉桂甜甜圈

模具	份量	預熱油溫
甜甜圈壓模	約 10 個	160℃

材料 (g) /Ingredient

麵糰		
	高筋麵粉	300
	細砂糖	25
	鹽巴	4
	速發酵母	5
	椰漿	150
	南瓜泥	15
	酥油	50
裝飾	肉桂粉	15
	細砂糖	250

作法 /Steps

A、攪拌

將麵糰材料放入攪拌缸中（**圖1**），攪拌至光滑成糰，並產生薄膜狀，基本發酵至2倍大（**圖2**）。

B、整形

麵糰擀開約1公分厚（**圖3**），用甜甜圈壓模將麵糰切割出甜甜圈（**圖4**），放置於烘焙紙上，最後發酵至2倍大。

C、炸

準備油鍋，油溫約160℃，油炸甜甜圈至熟透（**圖5**）。

D、裝飾

將肉桂粉和細砂糖混和均勻，炸好的甜甜圈表面沾上肉桂砂糖即完成（**圖6**）。

黑糖藜麥貝果

 份量
12～15 個

烤箱預熱
上下火 200/180℃

材料 (g) /Ingredient

麵糰	高筋麵粉	600
	黑糖	180
	鹽	10
	酵母	5
	無糖豆漿	30
	水	312
	白油	30
糖水	水	1000
	二砂糖	60

作法 /Steps

A、攪拌

　　麵糰材料放入攪拌缸，槳型攪拌器（圖 1），慢速攪拌至完成階段，放置發酵箱基礎發酵 40 分鐘（圖 2）。

B、分割

　　取出麵糰，分割每個 80 公克（圖 3），滾圓，中間發酵 20 分鐘。

C、整形

① 將麵糰擀成長片狀（圖 4），捲起呈長條圓柱形（圖 5）。

② 取一端擀平約 3 公分，包住另一端成圓圈狀（圖 6），收口朝卜放（圖 7），最後發酵約 40 分鐘。

D、燙麵

　　糖水材料放入鍋中煮沸，取發酵好的麵糰燙麵（圖 8），兩面燙約 4 ～ 5 秒後撈起瀝乾。

E、烘烤

　　麵糰放上烤盤，上下火 200/180℃ 烤 10 分鐘，調頭關火續烤 6 ～ 8 分鐘。

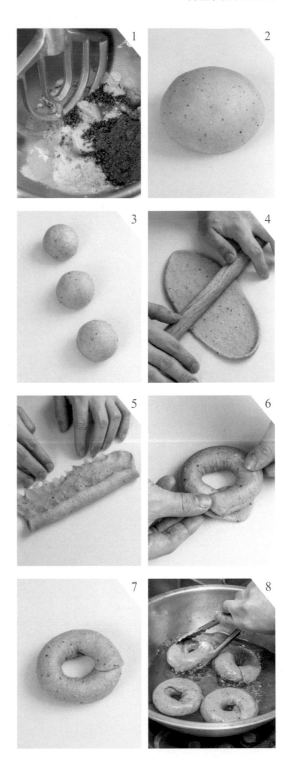

No.39

全麥水果麵包

份量
4 個

/

烤箱預熱
上下火 190/180℃

材料 (g)/Ingredient

1
高筋麵粉	440
全麥麵粉	60
酵母	5
無糖豆漿	250
水	100
細砂糖	20
蜂蜜	25
液態植物油	30
鹽	6

2
綜合水果丁	150
葡萄乾	30

作法 /Steps

A、攪拌

① 【材料 1】倒入攪拌缸，勾狀拌打器（**圖 1**），攪拌成糰。

② 加入【材料 2】慢速拌勻（**圖 2**），取出後進行一次發酵 40 分鐘（**圖 3**）。

B、分割

發酵至兩倍大（**圖 4**），取出麵糰，分割 4 等份，每個約 265 公克，滾圓（**圖 5**），二次發酵 15 分鐘。

C、整形

麵糰依序取出拍出空氣，擀成長形（**圖 6**），捲起（**圖 7**），成橄欖形（**圖 8**）放上烤盤，進行最後發酵至 1.5～2 倍大，劃上刀痕（**圖 9**）。

D、烘烤

上下火 190/180℃烤 25～30 分鐘，上色後出爐。

No.40

彩色聖誕圈造型麵包

彩色聖誕圈造型麵包

份量
5 個

烤箱預熱
上下火 180/180℃

材料 (g) /Ingredient

麵糰		
	高筋麵粉	500
	酵母	6
	無糖豆漿	200
	水	140
	細砂糖	50
	液態植物油	40
	鹽	6
調色	抹茶粉	6
	紅麴粉	6

※ 色粉可依照喜好調整深淺

作法 /Steps

A、攪拌

① 麵糰材料都倒入攪拌缸，勾狀拌打器攪拌成糰（**圖 1**）。

② 將打好的麵糰平均分成三份（**圖 2**），取其一麵糰加入「6g 抹茶粉＋8g 的溫水（可增減）」攪拌均勻的抹茶粉液（**圖 3**），揉成抹茶麵糰（**圖 4**），同樣方式做出紅麴麵糰（**圖 5**）。

③ 三種麵糰（原味、抹茶、紅麴）放置發酵箱一次發酵 40 分鐘（**圖 6**）。

B、分割

取出三種麵糰，平均都分割 5 等份，約每個 60 公克，滾圓（**圖 7**），二次發酵 15 分鐘。

C、整形

① 原味麵糰搓成長條狀，蓋上保鮮膜，鬆弛 5 分鐘，再搓成 30～35 公分。

★鬆弛後的麵糰較容易搓長。

② 剩下的紅綠麵糰比照上述做法製作並蓋上保鮮膜備用。

③ 取三條不同顏色的麵糰（**圖 8**），以編辮子的方式編成辮子狀（**圖 9**），收尾捏緊（**圖 10**），再將辮子麵糰圍成圈圈（**圖 11**），且頭尾收合捏緊。

④ 整形好的麵糰放上烤盤，進行最後發酵，約變成 1.5～2 倍大（**圖 12**）。

D、烘烤

上下火 180/180℃烤 20～25 分鐘，出爐放涼即完成。

★成品綁上緞帶和裝飾品後，就是繽紛又吸睛的彩色聖誕花圈麵包囉～

Prat

5

創意美味中點

No.41

南瓜酥

南瓜酥

份量		烤箱預熱
24 個		上下火 175/160℃

材料 (g) /Ingredient

水油皮	中筋麵粉	150
	白油	55
	糖粉	15
	水	60

油酥	白油	75
	低筋麵粉	110
	薑黃粉	4

內餡	南瓜泥	180
	楓糖	20
	低筋麵粉	30

作法 /Steps

A、水油皮

① 中筋麵粉、糖粉倒在桌面築粉牆，加入白油、水（**圖 1**），搓揉至不沾手，包保鮮膜鬆弛 10 分鐘（**圖 2**）。

② 分割每個約 11 公克，共 24 個。

B、油酥

將白油、低筋麵粉、薑黃粉攪拌均勻後（**圖 3**），分割每個約 8 公克，共 24 個。

C、內餡

所有材料放入鍋中炒勻，取出放涼備用（**圖 4**）。

★內餡可以自己做變化，單純使用地瓜或南瓜皆可。

D、整形

① 油皮包油酥（**圖 5**），滾圓擀開（**圖 6**），捲起鬆弛 15 分鐘（**圖 7**），再擀捲一次，鬆弛 15 分鐘。

② 用大姆指從中間壓下去捏起二邊，壓扁再擀成圓形，包入內餡（**圖 8**），滾圓收口朝下（**圖 9**）。

③ 搓成扁球形，用小刀背按壓成南瓜形狀（**圖 10**），取一點水油皮加入抹茶粉染色成綠色，做成南瓜葉，擺上裝飾（**圖 11**）。

E、烘烤

放入烤箱（**圖 12**），上下火 175/160℃，烤 20 分鐘即完成。

No.42

水果酥

模具 鳳梨酥模	/	份量 10 個	/	烤箱預熱 上下火 200/180℃

材料 (g)/Ingredient

酥皮	白油	70
	杏仁粉	30
	細砂糖	20
	低筋麵粉	150
	南瓜泥	50
	鹽	適量
	亞麻籽粉	5
	香草精	少許

內餡	鳳梨餡 (現成)	200
	蔓越莓	50

作法/Steps

A、酥皮

① 將白油打至順滑，加入糖、鹽拌勻，再分 2～3 次加入南瓜泥攪拌均勻，加入過篩粉類、香草精混勻成糰（圖 1），揉成無粉粒即可（圖 2）。

② 用保鮮膜包起，壓扁成方形，放入冷藏 30 分鐘（圖 3）。

★冷藏是為了更好吸收水分，也要有一定的硬度來包餡。

B、內餡

鳳梨餡分割每個 20 克共 10 個，包入適量蔓越莓，揉圓備用（圖 4）。

C、組合

① 酥皮分割每個約 30 克共 10 個，滾圓（圖 5）。

② 酥皮稍微展開呈橢圓形、包入內餡（圖 6）、收口捏緊，整形成圓柱體（圖 7），放入鳳梨酥模，壓平（圖 8），若會黏手可沾一些手粉。

★整合包內餡時，酥皮儘量分佈均勻，烘烤時才不易爆裂。

D、烘烤

放入烤箱，上下火 200/180℃烤 15 分鐘取出，把每個鳳梨酥翻面，再烤 10 分至金黃色完成。

No.43
香菇包

香菇包

🍳 份量
15 個

材料 (g)/Ingredient

麵糰	中筋麵粉	600
	酵母	6
	水	276
	黃豆粉	10
	細砂糖	66
	白油	9
	鹽	3
巧克力醬	可可粉	10
	玉米粉	16
	水	80
餡料	全素紅豆餡	400

作法/Steps

A、麵糰

① 中筋麵粉、黃豆粉過篩，加入其他麵糰材料（**圖 1**）拌打至完成階段（**圖 2**），一次發酵 15 ～ 20 分鐘。

② 取 4/5 份的麵糰，分割成每個 60 公克，滾圓，二次發酵約 10 ～ 15 分鐘（**圖 3**）。

B、巧克力醬

將可可粉、玉米粉過篩，加入水調製成為巧克力醬備用（**圖 4**）。

C、組合

① 取分割好麵糰輕壓扁、擀開（**圖 5**），包入紅豆餡（**圖 6**），表面塗上巧克力醬（**圖 7**），發酵 20 ～ 30 分鐘至巧克力表面乾。

② 用手握住麵糰表面向外推，使表面成為裂紋狀後（**圖 8**），用擀麵棍沾水在底部戳一個洞（**圖 9**）。

③ 取剩下的 1/5 份的麵糰，擀成片狀捲起，切成約 5 公分段狀，放置於麵糰下方洞口處（**圖 10**），最後發酵約 10 分鐘。

D、蒸

起蒸籠鍋，水滾後大火蒸 10 分鐘，關火燜 2 分鐘起鍋，掀開小縫讓熱氣散去後再開蓋。

No.44

綠豆麻糬酥

份量	烤箱預熱
10 個	上下火 190/170℃

材料 (g)/Ingredient

油皮	白油	40
	水	40
	糖粉	30
	中筋麵粉	100
	杏仁粉	20
油酥	白油	45
	低筋麵粉	90
	杏仁粉	20
內餡	綠豆仁	150
	水	250
	椰子油	40
	糖粉	40
	杏仁粉	40
	Q 麻糬	10 個
裝飾	黃豆粉	適量

示範影片

作法 /Steps

A、內餡

① 綠豆仁洗淨、浸泡 8 小時瀝乾，加入淹過綠豆仁的水量，放入電鍋外鍋 2 杯水，跳起後再放 1 杯水。

② 煮好燜 5 分鐘，趁熱加入糖粉、杏仁粉、椰子油拌勻，用攪拌棒打成泥或過篩。

★若綠豆沙餡太溼，先放到平底鍋小火翻炒到可以成糰，保鮮膜蓋好放涼備用，也可以使用市售的綠豆沙餡。

③ 綠豆沙分割每個 20 公克，配上一個 Q 麻糬，綠豆沙滾圓壓扁放入 Q 麻糬（**圖 1**），包起來。

B、油皮

粉類混合過篩，再加入白油、水（**圖 2**），拌一下揉均勻，保鮮膜包好鬆弛 30 分鐘（**圖 3**）。

★做油皮時手會有些黏手，可撒點麵粉。

C、油酥

粉類過篩，加入白油混合，拌一下揉均勻，保鮮膜包好放入冷藏備用。

★也可以將過篩的低筋麵粉加入白油放在塑膠袋內搓揉成糰（**圖 4**）。

D、整形

① 油皮每個 22 克、油酥每個 15 克，油皮包油酥（**圖 5**），滾圓擀開（**圖 6**），捲起鬆弛 15 分鐘（**圖 7**），再擀捲一次，鬆弛 15 分鐘。

② 用大姆指從中間壓下去捏起二邊，壓扁再擀成圓形（**圖 8**），包入內餡滾圓（**圖 9**）。

E、烘烤

滾圓的麻糬酥放在烤盤上，表面噴水，撒上黃豆粉（**圖 10**），放入烤箱上下火 190/170℃烤 20 分鐘，燜 10 分鐘，出爐。

栗子南瓜酥

No.45

栗子南瓜酥

份量
8 個

烤箱預熱
上下火 190/190℃

材料 (g)/Ingredient

油皮	中筋麵粉	100
	白油	40
	細砂糖	10
	溫水	55
油酥	低筋麵粉	70
	白油	35
內餡	栗子南瓜	200
	乾香菇	10
	素油蔥	20
	白油	30
	細砂糖	10

作法 /Steps

A、油皮

① 油皮所有材料放入攪拌缸中（**圖 1**），混和揉成麵糰，靜置鬆弛 20 分鐘。

② 分割每個油皮 25 公克。

B、油酥

油酥所有材料混和揉成麵糰（**圖 2**），分割每個油酥 13 公克。

C、擀捲

① 將油皮包入油酥（**圖 3**），擀成長形（**圖 4**），捲起（**圖 5**），靜置鬆弛 10 分鐘。

② 再擀長再捲起，再鬆弛 10 分鐘，共擀捲兩次。

③ 將麵糰左右兩端捏起（**圖 6**）、壓扁，擀成圓片狀。

D、內餡

將栗子南瓜去皮、去籽、切塊蒸熟，所有材料放入攪拌缸中，拌勻成餡料（**圖 7**）。

E、組合、烘烤

① 取一片皮包入內餡 27 公克（**圖 8**），包起收口向下成圓扁狀（**圖 9**），用刮板壓出條紋，裝飾上開心果（**圖 10**）。

② 放上烤盤入烤箱，上下火 190/190℃烤約 20 分鐘，表面金黃色即出爐。

No.46

芝麻柳葉包

份量
20 顆

材料 (g) /Ingredient

麵糰	中筋麵粉	600
	酵母	6
	水	276
	黃豆粉	10
	細砂糖	66
	白油	9
	鹽	3
	黑芝麻粉	50

芝麻餡	白油	150
	糖粉	100
	鹽	1
	黑芝麻粉	250

作法 /Steps

A、麵糰

中筋麵粉、黃豆粉過篩，加入水、酵母、細砂糖、白油、鹽打成糰（**圖 1**），再加入黑芝麻粉拌勻（**圖 2**），一次發酵 15 ～ 20 分鐘（**圖 3**）。

B、芝麻餡

糖粉過篩拌入白油（**圖 4**），再加入鹽、黑芝麻粉（**圖 5**）備用。

C、組合

將麵糰分割每個 30 公克，滾圓，輕壓扁擀開（**圖 6**），包入芝麻餡每個 20 公克（**圖 7**），整形（**圖 8**），最後發酵20 ～ 30 分鐘。

D、蒸

起蒸籠鍋，水滾後大火蒸 10 分鐘，關火燜 2 分鐘起鍋，掀開小縫讓熱氣散去後再開蓋。

No.47
香椿米穀餅

No.47

香椿米穀餅

	份量 20 個		烤箱預熱 上下火 190/190℃

材料 (g)/Ingredient

油皮	高筋麵粉	110
	低筋麵粉	150
	糖粉	40
	白油	90
	水	130
油酥	白油	60
	米穀粉	150
	香椿醬	30
	鹽	1 小匙
	素油蔥	30
裝飾	白芝麻	50

作法/Steps

A、油皮

① 油皮所有材料混和揉成麵糰（**圖1**），靜置鬆弛20分鐘（**圖2**）。

② 分割每個油皮 26 公克。

B、油酥

油酥所有材料放入攪拌缸中（**圖3**），混和揉均勻（**圖4**），分割每個油酥 13 公克。

C、整形

① 將油皮包入油酥（**圖5**），擀成橢圓長形（**圖6**），捲起（**圖7**），靜置鬆弛 10 分鐘。

② 再擀長再捲起，再鬆弛 10 分鐘，共擀捲兩次。

③ 將麵糰左右兩端捏起（**圖8**）、壓扁成圓片狀（**圖9**），沾上白芝麻（**圖10**），放上烤盤。

D、烘烤

上下火 190/190℃烤約 20 分鐘，表面金黃色，邊緣酥硬即出爐。

No.48

芋巢鳳梨酥

份量
20 個

預熱油溫
150℃

材料 (g) /Ingredient

芋糰	大甲芋頭	600
	熟澄粉	200
	白油	1
	臭粉	4
	熱水	80
	鹽	4
內餡	土鳳梨餡	400

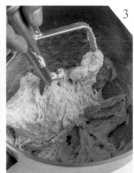

作法 /Steps

A、芋糰

① 將芋頭去皮、切塊蒸 25 分鐘，趁熱壓成泥狀，拌入熟澄粉、白油、臭粉、鹽拌勻（圖 1），再加入熱水（圖 2），攪拌拌勻（圖 3）。

② 分割每個 40 公克共 20 塊，備用。

B、內餡

土鳳梨餡分成每個 20 公克共 20 份，備用。

C、組合

取一芋糰用手指壓開，讓中心有凹槽，放入土鳳梨餡（圖 4），包起搓成圓柱狀（圖 5）。

D、炸

準備油鍋，倒入些許沙拉油，油溫約 150℃，一顆顆放入，炸至金黃色成巢狀（圖 6）即可。

無花果年糕

模具
8 吋旦糕模

份量
1 個

材料 (g) /Ingredient

糯米粉	300
玉米粉	30
水	200
沙拉油	20
二砂糖	50
乾無花果	5 顆
乾蜜橙片	5 片

作法 /Steps

A、事前準備

　　乾無花果切 0.3cm 的圓片狀（**圖 1**）。

B、攪拌

　　糯米粉、玉米粉、水、二砂糖及沙拉油放入攪拌缸中（**圖 2**），拌勻成糊狀加入乾無花果片拌勻（**圖 3**），鬆弛 15 分鐘，再拌至光滑細膩。

C、組合

　　將麵糊倒入模具中（**圖 4**），抹平，表面排上無花果片與蜜金橙片（**圖 5**）。

D、蒸

　　起蒸籠鍋，蒸籠水煮滾，放入年糕，大火蒸 40 分鐘熟透放涼即可切塊。

No.50

刺蔥老麵大餅

刺蔥老麵大餅

份量
2～3個

材料 (g)/Ingredient

第一次麵種	酵母	5
	水	195
	中筋麵粉	240

第二次麵種	第一次麵種	440
	水	180
	中筋麵粉	220

第三次麵種	隔夜麵種	840
	水	240
	中筋麵粉	300

麵糰	老麵	1000
	中筋麵粉	200
	細砂糖	80
	泡打粉	20

刺蔥醬	新鮮刺蔥	50
	香油	100
	香菇粉	5
	鹽	4
	細砂糖	15

作法/Steps

A、老麵

① 將第一次的材料拌勻（**圖 1**），室溫發酵 3～4 小時。

② 取第一次麵種麵糰（**圖 2**），拌入第二次麵種材料（**圖 3**），室溫發酵 12～15 小時。

③ 取第二次麵種麵糰（**圖 4**），拌入第三次麵種材料（**圖 5**），室溫發酵 2～3 小時成為老麵。

B、麵糰

① 將刺蔥洗淨瀝乾（**圖 6**），切成刺蔥花後拌入香油、香菇粉、鹽、細砂糖，放入食物調理機打勻（**圖 7**）。

② 將老麵、中筋麵粉、細砂糖及泡打粉放入攪拌缸（**圖 8**），以勾狀攪拌器，慢速打至完成階段，取出鬆弛約 20 分鐘。

③ 可以分割約 2～3 個（**圖 9**），約 500 公克。

④ 將麵糰擀開（**圖 10**），將刺蔥醬抹在麵皮上（**圖 11**），從前面捲起成一條（**圖 12**），再捲成蝸牛狀（**圖 13**），鬆弛約 15～20 分鐘（**圖 14**）。

C、乾烙

準備一大平底鍋，放入大餅乾鍋乾烙至熟透即可（**圖 15**）。

Baking 17

國家圖書館出版品預行編目 (CIP) 資料

純素無蛋奶烘焙小點 / 吳仕文, 施建瑋, 吳玉梅, 簡維岑, 崔銀庭, 李秀真, 游香菱著 . -- 一版 . -- 新北市 : 優品文化事業有限公司, 2023.02 160 面 ;19x26 公分 . -- (Baking ; 17)

ISBN 978-986-5481-38-4 (平裝)

1.CST: 點心食譜 2.CST: 素食食譜

427.16 111017101

作　　者	吳仕文、施建瑋、吳玉梅、簡維岑、崔銀庭、李秀真、游香菱
總 編 輯	薛永年
美術總監	馬慧琪
文字編輯	董書宜
美術編輯	黃頌哲
攝　　影	王隼人
出 版 者	優品文化事業有限公司 電話：(02)8521-2523 傳真：(02)8521-6206 Email：8521service@gmail.com (如有任何疑問請聯絡此信箱洽詢) 網站：www.8521book.com.tw
印　　刷	鴻嘉彩藝印刷股份有限公司
業務副總	林啟瑞 0988-558-575
總 經 銷	大和書報圖書股份有限公司 新北市新莊區五工五路 2 號 電話：(02)8990-2588 傳真：(02)2299-7900
網路書店	www.books.com.tw 博客來網路書店
出版日期	2023 年 2 月
版　　次	一版一刷
定　　價	380 元

上優好書網

Facebook
粉絲專頁

YouTube
影音頻道

LINE
官方帳號